101 IDEEËN VOOR STICKERS

Jeanne Broeken

Cantecleer

Eerste druk 2004

ISBN 90 213 3537 9
NUR 475

Fotografie: Hennie Raaijmakers
Styling: Willemien Mommersteeg
Vormgeving binnenwerk: Hans Britsemmer
Redactie: Loes Brouwer

Dit boek is gepubliceerd door
Uitgeverij Cantecleer
Postbus 309
3740 AH Baarn

www.tirionuitgevers.nl

Cantecleer maakt deel uit van Tirion Uitgevers bv

Starform® Stickers

Inhoud

Voorwoord

In dit boek wil ik laten zien dat je met een sticker meer kunt doen dan alleen maar opplakken. Met eenzelfde stickervel is het mogelijk om eindeloos veel kaarten te maken op verschillende manieren. Het moeilijkste voor mij was dan ook om de selectie te maken voor 101 ideeën. Dagelijks ben ik met stickervellen bezig en elk moment ontdek ik weer iets nieuws. De collectie van de firma Starform is heel prettig in gebruik, omdat alle modellen op elkaar zijn afgestemd en je zo de allernieuwste met de oudere kunt combineren.
Er zijn stickervellen voor alle gelegenheden, die je niet alleen voor kaarten en scrapbooken kunt gebruiken maar bij bijna alle hobbytechnieken. Een werkstuk gemaakt met stickers is heel persoonlijk: je bepaalt zelf de ontwerpen en kleuren.

Ik wens je veel plezier met stickers!

Jeanne Broeken

Benodigdheden

Gereedschap

Prikpen (fijn)
Schaartje of mesje
Ciseleerpennen (grof en fijn)
Liniaal
Potlood
Snijmat
Prikmat
Isigritrooster met Isigritpen (fijn)

Gebruikte papiersoorten

Allerlei kleuren papier
Wit papier, Mi-teintes
Natuurpapier
Gemarmerd papier
Ruitjespapier
Vellum
Regenboogvellum
Perkamentpapier
Sheet (naturel en gekleurd)
Enkel en dubbelzijdig folie
Scrapbookpapier
Foam
Ribbelkarton
Koperfolie
Spinnenweb
Fluweel

Overige materialen

Stickers van Starform
Fotolijm
Siliconenlijm
Foamblokjes
Kralen
Lint
Veertjes
Stukjes hout
Spirelli-rondjes
Trosje
Speldje
Glitterlijm
Potje sneeuw
Mini-beats
Raffia
Gedroogde viooltjes
Foto's
Stokjes
Strass-steentjes

Technieken en tips

Inlegwerk

Dit zijn negatieve delen (de delen die in het stickervel blijven nadat de sticker eraf gehaald is) van een sticker die je met behulp van een prikpen weer teruglegt in de afbeelding.

Stickers op gekleurd papier

Plaats een sticker op gekleurd papier. Knip daarna rondom uit. Knip iets schuin naar binnen, zo komt er geen papier onder de sticker vandaan.

Stickers op wit of crèmekleurig papier

Plaats de sticker op wit papier en kleur hem in met viltstiften. Kleur goed tegen de binnenzijde van de sticker aan. Als er iets misgaat met het inkleuren verplaats je de sticker met de prikpen een stukje verder op het papier en begin je opnieuw.

Stickers als achtergrond

Zo kun je ook een achtergrond maken van stickers. Kleur een sticker in en verplaats deze steeds opnieuw.

Ciseleren op perkament of vellum

Gebruik een zachte ondergrond voor het ciseleren (ciseleer- of prikmat). Plaats de sticker op een vel vellum en maak aan de achterzijde ronddraaiende bewegingen met een ciseleerpen in de te ciseleren gedeelten.

Glas-in-loodeffecten

Plak een afbeelding op sheet en kleur deze in met glasverf (laat goed drogen!). Leg de sheet met de ingekleurde afbeelding op ruitjespapier. Plak de afbeelding aan de zijkanten goed vast zodat niets kan verschuiven. Maak de lijnen naar eigen fantasie en plak de stickerlijnen een klein stukje over elkaar (zie voorbeeld). Knip ze recht af.
Tip: Je kunt hiervoor het beste de smalle lijnstickers van vel nr. 842 of 1004 gebruiken.

Achtergrondrasters

Deze worden gebruikt als achtergrond of voorgrond, ook kun je kleine reepjes knippen. Geplakt op sheet kun je deze inkleuren met glasverf of glas-gelstift.

Minimozaïek

Dit wordt gemaakt van de negatieve deeltjes in de achtergrondrasters: blokjes-honingraat-ruitjes-rondjes. Hiermee maak je patronen in de achtergrond of afbeeldingen. Je kunt bijvoorbeeld kruissteekpatronen gebruiken. Gebruik gekleurde stickervellen of kleur de deeltjes in met een watervaste stift.

Rechtopstaande werkstukken

Soms is het leuk als een werkstuk rechtop kan staan. Laat hiervoor aan de onderzijde een reep van ongeveer 2,5 cm papier aan de afbeelding zitten. Snijd deze van onder af schuin naar boven (2 mm). Snijd in de kaart een inkeping die net zo breed als de afbeelding is. Steek hierdoor de afbeelding en plak het papier aan de onderzijde naar boven vast.

Spirelli met stickers

Begin met het maken van een kruis van boven naar beneden en van links naar rechts. Plak steeds het begin en einde vast aan de achterzijde.
Tip: Het is leuk als je met verschillende kleuren van stickerranden werkt. Bij een grote spirellischijf kun je een bloem, vlinder of andere afbeelding in het midden plaatsen.

TIP 1
Je kunt stickers op allerlei materialen plakken, zoals papier, plastic, glas, keramiek, hout, fluweel, foam, vellum, holografisch papier, natuurpapier, etc. Ze kunnen ook worden meegebakken in de oven op b.v. tegels (145 °C 45 minuten).

TIP 2
Rasterstickers zijn verkrijgbaar in blok- en ruitpatronen, honingraat en rondjes.

TIP 3
Laat bij ingekleurde stickers de kleur eerst goed drogen voor je ze uitknipt.

TIP 4
Gebruik lege stickervellen bij het werken met transparante stickers: wil je iets tussen een transparante zegel plakken, plak eerst de achterkant en leg dan de voorzijde op het lege stickervel.

TIP 5
Door verschillende kleuren lijnstickers naast elkaar te plaatsen krijg je schaduweffecten, b.v. koper en wit, goud en zilver.

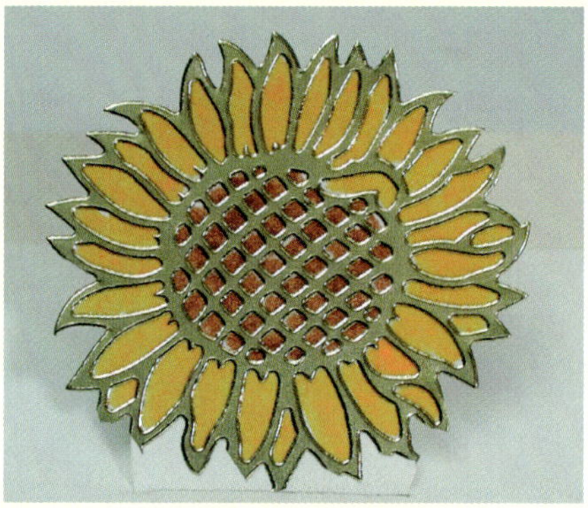

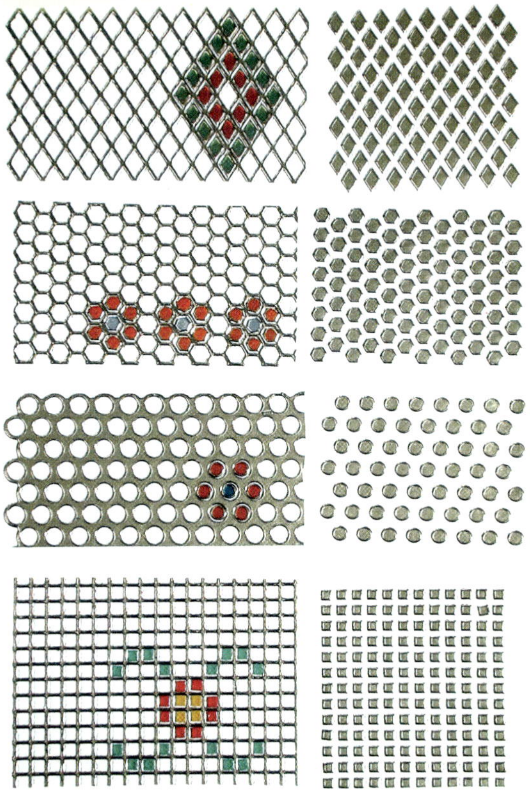

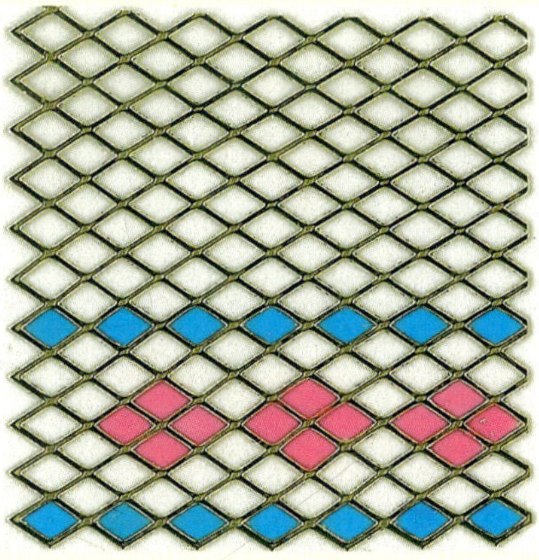

RANDEN EN HOEKSTUKKEN

KAART 1

BENODIGDHEDEN
kaart: ivoorkleurig
papier: roodbruin, koper
natuurpapier: uiteenlopende kleuren
fotolijm
stickervellen: nr. 849 goud, nr. 924 goud - zilver - wit

Plak tussen elk reepje natuurpapier een stickerrand. Maak van sticker nr. 924 zilver een figuur op roodbruin papier en leg enkele delen in met gouden en witte negatiefstickers. Snijd de figuur rondom uit en plak hem op koperkleurig papier.

TIP: Probeer ook eens andere variaties, figuren en papiersoorten uit.

KAART 2

BENODIGDHEDEN
kaart: bruin metallic
stickervellen: nr. 844 - goud - zilver - koper,
nr. 1004 - koper

Plaats in iedere hoek een grote koperen hoeksticker, leg hiertussen om en om de hoekstickers, leg gouden en zilveren negatieve delen in. Plak de foto aan de achterzijde van de passe-partout en plak hieromheen de stickerrand.

TIP: Druk de hoekstukken bij het plakken niet te vast aan, dan zijn ze nog makkelijk te verplaatsen.

KAART 3

BENODIGDHEDEN
papier of fluweel: reep rood
papier: ivoorkleurig zijdeglans
viltstiften
trosje
stickervellen: nr. 1018, 806, 329 - goud

Maak op satijnglanspapier een patroon met stickerhoekstukken, kleur in het midden enkele delen in. Plak het geheel op rood fluweel dat ongeveer 1 cm groter is. Werk ook de achterzijde met fluweel af. Plak hiertussen het trosje.

TIP: Je kunt natuurlijk ook andere hoekstickers gebruiken.

KAART 4

BENODIGDHEDEN
kaart en enveloppe: blauw vierkant
kaders: lila - wit - paars - fucsiaroze
viltstiften voor de bloemen
stickervellen: nr. 807, 1020, 841 - goud, nr. 806 - goud en zilver, nr. 840 - zilver, nr. 904 - goud en zilver

Leg verschillende kleuren kaders op de kaart, versier deze met de stickerranden.

TIP: Er zijn vele variaties mogelijk met diverse stickerranden.

KAART 5

BENODIGDHEDEN
kaart: geel vierkant
papier: geel
stickervellen: nr. 1033 - goud, nr. 1004 - goud - rood - geel, nr. 801 - rood

Teken de lijnen met potlood op de kaart, leg hierop de lijnstickers. Begin met de brede lijnen in goud en maak heel het patroon. Leg de lijnstickers steeds om en om. Breng hierna hetzelfde patroon met rood aan op ongeveer 1 mm boven de gouden lijn. Als laatste maak je de gele lijn op ongeveer 1 mm onder de gouden lijn.
Werk de kaart af met hoekjes en lijnstickers in rood en goud.

TIP: Plak de uiteinden vast op de gouden lijn en knip recht af.

KAART 6

BENODIGDHEDEN
kaart: wit
natuurpapier: rood, crème, beige, zwart, groen
stickervellen: nr. 942, 943, 848, 840, 301 - goud

Snijd enkele vierkante vakjes en punten uit de kaart, snijd van natuurpapier blokjes en punten. Leg in de uitgesneden vakjes de stickerranden op de binnenzijde van de kaart.

TIP: Teken de verdeling af met potlood.

Verjaardagen

KAART 7

BENODIGDHEDEN
kaart: rood
papier: wit
stickervellen: nr. 932, 842, 301 – goud, nr. 1038 - goud - groen - roze - rood - geel
foam

Plaats het achtergrond-rasterstickervel op wit papier. Plak hierover het stickerkader. Leg met de negatiefblokjes uit de achtergrondrasters in roze, groen, rood en geel het patroon van de bloem in. Plak het geheel met foam op de kaart.

TIP: Bij gebrek aan gekleurde stickervellen kun je de negatiefblokjes zelf kleuren met watervaste stiften. Inkleuren doe je op het stickervel als het raster er af is.

KAART 8

BENODIGDHEDEN
kaart: ivoorkleurig satijnglans
papier: wit
3D-lijm en fotolijm
viltstiften rood en groen
stickervellen: nr. 809 - goud 2 x, nr. 842 - goud

Plak de rozenstickers op wit papier, kleur de bloemen en bladeren in. Knip of snijd van de eerste sticker de achtergrond weg. Plaats de afbeelding op de kaart. De tweede sticker wordt gebruikt om te verknippen in kleine delen die in 3D opgewerkt worden.

TIP: Zorg dat de zichtbare stickerlijnen aan de bovenkant zitten.

KAART 9

BENODIGDHEDEN
kaart: zandkleurig
papier: ivoorkleurig zijdeglans
viltstiften
3D-lijm of foam
stickervellen: nr. 945 - goud 2 x, nr. 1046 - goud en zilver

Plaats het gouden achtergrondraster op de kaart. Plak twee vazen met bloemen op zijdeglanspapier. Kleur ze in en werk de bloemen en bladeren in 3D op.

KAART 10

BENODIGDHEDEN
kaart: donker-mintkleurig
papier: een iets lichtere kleur
viltstiften
fotolijm
stickervellen: nr. 903, 808, 807, 300 - goud, nr.1004 - groen,

Plak de stickerbloemen half op de buitenranden van de bovenkaart in een mooie compositie. Snijd de overhangende delen weg (maak daar een tweede kaart van). Kleur alle bloemen in. Plak de bovenkaart op de kaart met fotolijm, werk het geheel af met een groene lijnsticker en de tekst.

KAART 11

BENODIGDHEDEN
kaart: wit
vellum: roze voor de overkaart en voor de violen
viltstiften
foam
stickervellen: nr. 944 - goud, nr. 1039 - zilver en goud

Plak een reep zilverachtergrondraster op de zijkant van de vellumkaart. Leg met goud negatief de honingraatvormige lijnen in. De viooltjes worden aan de bovenzijde ingekleurd, aan de achterkant geciseleerd en met foam op de achtergrond geplaatst.

TIP: U kunt in het raster ook een ander patroon maken.

KAART 12

BENODIGDHEDEN
kaart: ivoorkleurig satijnglans
papier: ivoorkleurig satijnglans
viltstiften
foam
stickervellen: nr. 905, 1033 - goud

Plak de hoekjes om en om op de zijkant van de kaart. Knip van de zijkant het papier weg, zodat een gekartelde rand ontstaat. Het elfje wordt op papier geplakt, ingekleurd, rondom uitgeknipt en met foam op de kaart geplaatst.

TIP: Op stickervel nr. 1033 staan nog diverse hoekjes, waarmee je andere randjes kunt maken.

KAART 13

BENODIGDHEDEN
kaart: crèmekleurig vierkant
margrietenvellum
papier: wit
fotolijm
viltstiften geel en groen
stickervellen: nr. 1031, 1004 - goud

Plak de vaas met margrieten op wit papier, kleur in met viltstiften. Knip rondom uit, plaats hem op de teruggevouwen voorkant. Plaats op de binnenzijde het vellum, bewerk de hoekjes op dezelfde manier als de vaas.

KAART 14

BENODIGDHEDEN
kaart: lila
kader:roze
vellum: transparant
papier: wit
gedroogde viooltjes
lint
stickervellen: nr. 1004, 1021 - goud, nr. 3105 - transparant goud

Plaats de viooltjes in de labels (knip de openingen in het kader open), maak in het kader vier gaatjes en haal het lint door de labels. Zet de labels aan de achterzijde van het kader vast. Plaats aan de binnenzijde het vellum. Werk de kaart rondom af met een brede en smalle stickerlijn.

TIP: Deze kaart wordt ook aan de achterzijde versierd met een label, stickerlijnen en hoekstickers.

KAART 15

BENODIGDHEDEN
kaart: geel vierkant
papier: wit
viltstiften
foam
stickervellen: nr. 944, 842 - zilver

Het grote viooltje wordt op papier geplakt, ingekleurd en rondom uitgeknipt. Bij de achtergrond plak je een viooltje op, je haalt het er na het inkleuren weer af en herhaalt dit; je kunt steeds dezelfde sticker gebruiken.

TIP: Let goed op de papiersoort die je gebruikt, anders beschadig je de kaart (probeer eerst aan de binnenzijde van de kaart).

Vader- en moederdag

KAART 16

BENODIGDHEDEN
kaart: wit met vierkant
papier: zandkleurig
glas-gelstiften: oranje, rood
stickervellen: nr. 3113, 119, 118, 913 - goud

Plak de hoeken op de kaart, het overhemd op zandkleurig papier. Kleur de negatieve delen van de hoeken en van het overhemd, de das en de kraag in met de glas-gelstift. Leg ze daarna in. Plak de andere stickerafbeeldingen op de binnenzijde.

TIP: Stickervel nr. 3113 is eigenlijk gemaakt voor scrapbooken, maar is uitstekend geschikt voor kaarten.

KAART 17

BENODIGDHEDEN
kaart: zandkleurig met vier vakjes
papier: lichtgeel en wit
viltstiften
fotolijm
foam
stickervellen: nr. 1035, 1004, 1013 - goud

Plak vier blokjesstickers en een vlinder op wit papier. Kleur deze in en knip ze rondom uit. Plaats het gele papier op de vakjes en plaats hierop de uitgeknipte afbeelding. De vlinder wordt met enkele foamblokjes op de kaart geplaatst. Werk rondom het kader af met stickerlijn.

TIP: Met deze stickerblokjes kun je ook andere figuren maken.

KAART 18

BENODIGDHEDEN
kaart: mintkleurig satijnglans
kaderkaart: ivoorkleurig geëmbost
kralen: wit, geel, goud
stickervellen: nr. 833, 943 - goud

Plak de stickerbloemen op de kaart, steek er van onderaf de naald in en rijg er 8, 9 of 10 kralen aan per bloemblad. Steek daarna weer naar onder en begin aan het volgende blad, doe hetzelfde met het hart.

TIP: Met een andere kleur kralen heb je steeds een andere kaart met hetzelfde model sticker.

KAART 19

BENODIGDHEDEN
kaart: crèmekleurig
natuurpapier: wit
fluweel: reepjes donkerrood
glasverf
ruitjespapier
sheet
stickervellen: nr. 944, 842 - goud

Plaats de pot viooltjes ruim op de sheet en leg het geheel op ruitjespapier (plak met tape vast om verschuiven te voorkomen). Plak de lijnstickers in het patroon. Verf aan de achterzijde. Snijd van rood fluweel vier reepjes, deze worden op het natuurpapier geplakt op de binnenzijde van de kaart, precies vallend tussen de brede lijnen.

TIP: Verf met glasverf altijd kleur voor kleur, laat de kleuren goed drogen voor je met een volgende kleur begint.

Mannen en sporten

KAART 20

BENODIGDHEDEN
kaart: wit
papier: regenboogpapier, grijs en wit
viltstiften
sheet: blauw
fotolijm
foam
stickervellen: nr. 1011, 1016 - goud

Snijd uit de kaart een wolkig kader en snijd twee wolken uit grijs papier. Plaats de blauwe sheet achter het uitgesneden kader. Plak de zeilboot op wit papier en kleur deze in met viltstiften. Knip rondom uit. Plak de reep regenboog op de kaart. Plaats de zeilboot met foam op de kaart en tot slot de wolken, vogels en golfjesstickerrand.

KAART 21

BENODIGDHEDEN
kaart: zandkleurig met ovaal
papier: wit
sheet
glasverf of glasgelstiften
stickervellen: nr. 1039, 1000 - goud,
nr. 1009 - goud en zilver

Plaats op de achterbinnenzijde wit papier en plak hierop het honingraatraster. Plaats achter het ovaal een sheet en plak op de voorzijde de auto. Leg de zilveren delen in met zilveren negatiefstickers. Kleur de auto aan de bovenzijde in met glasgelstiften. Plak aan de onderzijde van de kaart een reepje honingraat en stuurwieltjes boven het ovaal.

TIP: Je kunt de auto ook met glasverf schilderen, werk dan aan de achterkant van de sticker.

KAART 22

BENODIGDHEDEN
kaart: crèmekleurig
papier: wit, zandkleurig
kleine stukjes hout, licht en donker
viltstiften
dubbelzijdig tape
fotolijm
stickervellen: nr. 913, 328 - zilver, nr. 842 - blauw,

Plak alle gereedschappen op wit papier, leg de zilveren kleuren erin terug met de negatiefstickers. Kleur de resterende delen in en knip ze rondom uit. Plaats de houten delen met dubbelzijdig tape op de zandkleurige kaart. De gereedschappen worden met fotolijm opgeplakt. Plaats het geheel op de crèmekleurige kaart, werk af met een blauwe lijnsticker.

TIP: Met deze gereedschapsstickers kun je ook andere variaties maken.

KAART 23

BENODIGDHEDEN
kaart: ivoorkleurig met ovaal
papier: wit, groen
viltstiften
watervaste stift: zwart
foam
dubbelzijdig folie
stickervellen: nr. 1007 - goud,
nr. 841 – groen

Plaats groen papier achter het ovaal. Plak de voetballers op wit papier en kleur ze in, knip rondom uit en plaats ze met foam op de kaart. De voetballen worden met een watervaste zwarte stift ingekleurd.

TIP: Geef de voetballers de kleur kleding van de favoriete voetbalclub.

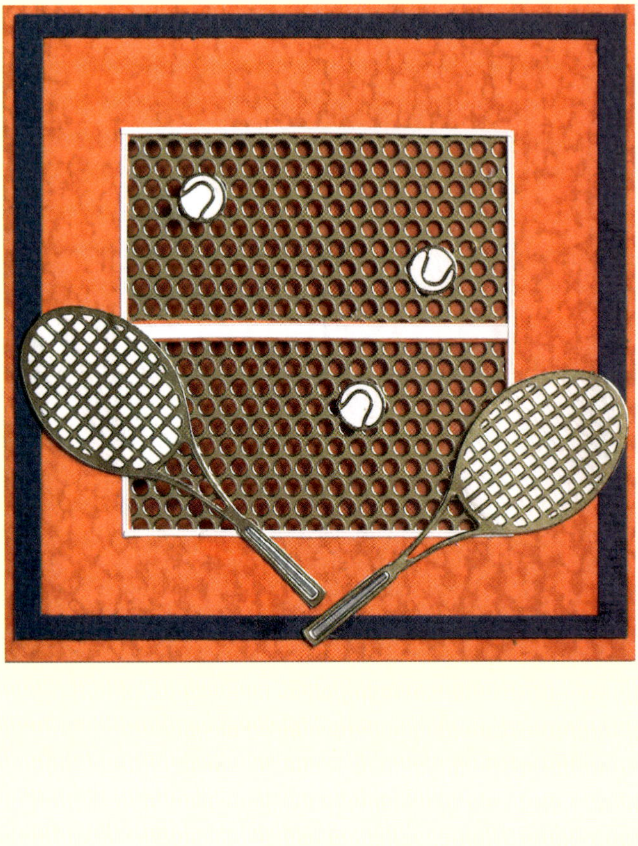

KAART 24

BENODIGDHEDEN
kaart: Happy color orange
kaderkaart: blauw
papier: wit
sheet
foam
stickervellen: nr. 1047, 915 - goud, nr. 1004 - wit

Snijd twee langwerpige openingen in de kaart met in het midden een tussenruimte van ongeveer 2 mm. Plak het raster op de sheet en plaats dit achter de openingen. Zet rondom en midden af met een witte stickerrand. Plaats het blauwe kader op de kaart. Plak de ballen en tennisrackets op wit papier. Knip rondom uit en plaats ze met foam op de kaart

Muziek

KAART 25

BENODIGDHEDEN
kaart: blauw met langwerpige opening
papier: licht- en donkerblauw
enkelzijdig plakfolie
fotolijm
stickervellen: nr. 1018 - goud 2 x, nr. 816 - goud en zilver, nr. 1038 - zilver

Plak de gouden viool op een reepje donkerblauw papier, leg enkele delen in met de zilveren negatiefsticker en plak het geheel op een iets groter stuk lichtblauw papier. Leg dit in de opening. Plak eerst aan de achterzijde de hoekstickers vast en hieraan de voorzijde. De negatieve rasterdeeltjes haal je in één keer over. Plak over de negatieve delen de enkelvoudige folie en wrijf erover tot alle delen op de plakfolie zitten. Breng ze nu tegelijk over op de achterbinnenzijde van de kaart.

TIP: Probeer deze techniek eens uit met andere afbeeldingen.

KAART 26

BENODIGDHEDEN
twee vellen A4 in verschillende kleuren groen
papier: zwart (glans), wit en goudkleur (ruit)
fotolijm
stickervellen: nr. 816 - zilver, nr. 1004 - goud en zwart

Snijd een vierkante dubbele kaart en een enkele kaart die overal 1 cm kleiner is van een andere kleur groen. Teken hierop met potlood en liniaal de lijnen. Plak in het midden het goudkleurige papier (ruitvormig). Leg hierna de lijnstickers op de getekende lijnen. De piano wordt op zwart papier geplakt, rondom uitgeknipt en op de goudkleurige ruit geplaatst. Plak dit geheel op de kaart. Werk de omranding af met een gouden en zwarte lijnsticker en enkele muzieknoten in de ruiten.

TIP: Je kunt ook andere muziekinstrumenten gebruiken.

KAART 27

BENODIGDHEDEN
kaart: zwart
papier: wit
fotolijm
watervaste stift: zwart
stickervellen: nr. 1016 - wit met goud, nr. 816 - goud en zilver

Vouw de voorzijde van de kaart op de helft naar voren en plaats hierop een reep wit papier. Plak de gouden sax hierop. Plak het drumstel aan de binnenzijde en leg alle instrumenten in met zilveren negatiefstickers. Kleur de muzieknoten zwart met een watervaste stift.

TIP: Alle muziekinstrumenten lenen zich uitstekend voor deze inlegtechniek; je kunt natuurlijk ook zilver in goud inleggen.

Condoleance

KAART 28

BENODIGDHEDEN
kaart: vierkant met vierkant passe-partout ivoorkleurig
sheet
stickervellen: nr. 1038 zilver, nr. 916, 1017, 1004, 315 - koper

Plak het achtergrondraster op een sheet en plaats het in het kader. Plak hierop de boom en het blad. Werk de kaart af met de koperen hoek en lijnstickers.

CD-DOOSJE 29

BENODIGDHEDEN
cd-doosje
stickervellen: nr. 1035, 1004 – goud – zilver - koper

Plak de gouden stickerblokjes in patroon op het doosje, leg het geheel in met gouden, zilveren en koperen negatiefstickers. Werk de onder- boven- en zijkanten af met de gouden, zilveren en koperen lijnstickers.

TIP: Met dezelfde stickervellen kun je ook andere combinaties maken zoals gouden of zilveren bloemen.
Dit kun je natuurlijk ook op een kaart maken.

KAART 30

BENODIGDHEDEN
kaart: rood
papier: ivoorkleurig satijnglans
fluweel: reepjes donkerrood
sheet
ruitjespapier
fotolijm
stickervellen: nr. 809, 842, 1003 – goud

Plak de roossticker op de sheet en leg het geheel op ruitjespapier. Plaats de lijnstickers. Verwerk in de boven-, zij- en onderkant een hartstickerrand. Verf de afbeeldingen en lijnen aan de achterzijde in. Plaats op de achterbinnenzijde satijnglanspapier met reepjes rood fluweel die precies tussen de stickerlijnen van de bovenzijde passen.

TIP: In plaats van de roos kun je ook andere afbeeldingen gebruiken.

Valentijn

KAART 31

BENODIGDHEDEN
boekkaart: ivoorkleurig
papier: bruin, rood
foam
fotolijm
stickervellen: nr. 306, 842 - goud

Plak de eerste sticker op bruin papier, de tweede op rood en knip van de tweede sticker alleen het rode hart. Plaats dit met foam op de eerste uitgeknipte stickerafbeelding. Werk de boekkaart af met lijnstickers.

KAART 32

BENODIGDHEDEN
kaart: ivoorkleurig satijnglans
stickervellen: nr. 926 - rood - zilver - goud, nr. 841, 307 - rood

Vouw de kaart zo dat de goede zijde aan de binnenkant komt. Vouw van de bovenzijde de helft naar buiten. Plaats de bloemenmand op het midden van de vouw. Leg rode en zilveren negatiefdelen in, ook de hoeken. Snijd de bloemenmand vanaf de vouw voor de helft los. Rondom de kaart wordt een rode tussenrand geplaatst.

Geslaagd

KAART 33

BENODIGDHEDEN
kaart: mintkleurig
foto
fotolijm
enkelzijdig plakpapier
stickervellen: nr. 3183, 3101 - transparant goud, nr. 1016 - blauw, nr. 830 - goud - zilver

Neem met het enkelzijdige plakpapier de puzzeldelen over en plak ze daarna op de foto of een gedeelte daarvan. Plak de puzzelfoto met fotolijm op de kaart. Versier de kaart met golfjes, dolfijn en luchtbelletjes.

KAART 34

BENODIGDHEDEN
kaart: ivoorkleurig
papier: geel, wit
viltstiften
foam
stickervellen: nr. 1040, 1034 - goud

Plak de bloemen op wit papier, kleur ze in en knip ze rondom uit (ook tussen de bladeren). Plaats het gele papier op de ivoorkleurige kaart. Bevestig de bloemen met foam. Werk de omtrek af met de hoek- en golfjessticker.

TIP: Er zijn veel kleuren amaryllissen, dus met een ander kleurtje heb je een andere kaart.

KAART 35

BENODIGDHEDEN
kaart: blauw
kader: groen
sheet
fotolijm
glasverf
stickervellen: nr. 938, 1016 - goud, nr. 843 - wit

Plak de pauw op de sheet, verf hem aan de achterzijde in. Laat goed drogen. Snijd in de kaart een opening waar de pauw inpast. Plaats de afbeelding hierachter. Plaats het kader, de hoekjes en de stickerrand.

Geboorten

SCRAPBOOKPGINA 36

BENODIGDHEDEN
scrapbookpapier: geel
mozaïekkader: 30 x 30 cm wit
papier: A4 wit
fleurig vellum
foto's
strass-steentjes
stickervellen: nr. 1046, 893, 805 - goud,
nr. 826 - rood

Snijd uit het kader enkele lijnen weg zodat de foto precies past. Plaats rondom de foto het vellum. Bij de kleine foto wordt hetzelfde gedaan. Maak van vier delen uit het mozaïekkader deurtjes. Beplak ze aan de bovenzijde met achtergrondraster. Zet de deurtjes vast met stickerscharnieren. Plak in de resterende vakjes berenstickers. De onderste vakjes worden gebruikt voor de naam, letters versierd met het resterende reepje vellum.

SCRAPBOOKPAGINA 37

BENODIGDHEDEN
scrapbookpapier: roze
mozaïekkader: wit 30 x 30 cm
papier: A4 wit
bloemetjesvellum
foto's
strass-steentjes
fotolijm
stickervellen: nr. 1038, 893, 900, 901 - goud,
nr. 826 - rood

De werkwijze is dezelfde als bij nr. 36, maar hier worden de stickerdelen gekleurd of ingelegd.

KAART 38

BENODIGDHEDEN
kaart: blauw
papier: wit
stickervellen nr. 1038 – goud – geel - groen - rood - blauw, nr. 1001, 1004 - wit, nr. 320 - goud

Plak een reep achtergrondraster op wit papier. Leg de negatieve blokjes volgens het patroon in het achtergrondraster. Je gaat te werk alsof je kruissteken borduurt.

TIP: Probeer zelf andere patronen te maken. De negatieve blokjes kun je ook kleuren met een watervaste stift.

KAART 39

BENODIGDHEDEN
kaart: wit met ovaal
papier: wit
fotolijm
lint: roze
stickervellen: nr. 1038, 949, 1016, 937 - roze

Plak het achtergrondraster op de binnen-achterzijde van de kaart. Plak de twee beertjes op wit papier en knip ze rondom uit. Plak het lint tussen de twee beertjes. Plaats verder de stickers en stickerrand.

TIP: Deze kaart kan natuurlijk in alle kleuren worden gemaakt.

KAART 40

BENODIGDHEDEN
kaart: lichtblauw vierkant
fluweel: wit
viltstiften
foam
dubbelzijdig folie
stickervel: nr. 949 – goud

Plak de sticker op fkuweel en druk hem goed aan. Kleur enkele delen licht in. Plaats achter het fluweel dubbelzijdig folie, knip hieruit de wolken. De wolk met de baby wordt met foam op de kaart geplaatst.

TIP: Je kunt deze kaart ook met wit papier maken.

KAART 41

BENODIGDHEDEN
minicollagekaart: blauw
muisjes of kraaltjes
stickervellen: nr. 1004 - blauw, nr. 115, 116 - blauw en wit, nr. 3101 - transparant zilver

Plak de blauwe stickers op de kaart, leg ze in met de witte negatiefstickers. Plak de transparante sticker eerst op de bovenzijde. Strooi de muisjes op de achterzijde. Plak hierop weer een transparante sticker.

TIP: Met de overgebleven witte stickers maak je een kaart wit met blauw ingelegd.

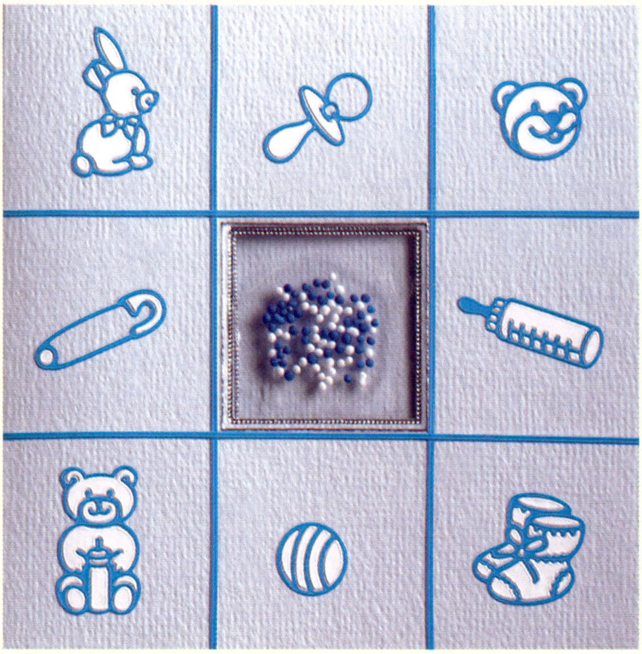

Kinderen

KAART 42

BENODIGDHEDEN
A4-papier: wit
klein uitschuifbaar doosje (luciferdoosje)
satijnlint: roze
fotolijm
dubbelzijdig tape
stickervel: nr. 937 - roze

Plak de sticker op wit papier en knip de afbeelding twee keer uit. Plaats tussen de twee afbeeldingen het doosje. Maak het geheel vast met satijnlint.

TIP: Je kunt natuurlijk ook een foto van de baby opplakken.Of, als je geen foto hebt, de naam van de baby (stickervel: 826).

SCRAPBOOKPAGINA 43

BENODIGDHEDEN
scrapbookpapier: lichtblauw
folders of foto's van pretparken
enkelzijdig folie
fotolijm
stickervellen: nr. 1016 - wit-goud, nr. 847 - zilver, 1001 - zilver, 962 - zilver, nr. 1004 - koper, nr. 3108, 3102, 3110 - transparant zilver

Neem met enkelzijdig folie een gedeelte van de transparante puzzelstukjes over. Plak deze op de foto's of andere afbeeldingen. Knip ze daarna rondom uit. De kleine puzzelstukjes plaats je één voor één op een afbeelding of tekst. Knip deze rondom uit en plaats alles in een leuke compositie op de scrappagina.

KAART 44

BENODIGDHEDEN
kaart: geel
papier: wit
viltstiften
fotolijm
stickervellen: nr. 900, 901 - goud, nr. 839 zilver, nr. 1025 - goud en negatiefstickers uit verschillende stickerranden

Plak het varken op wit papier, kleur het in en knip het rondom uit. Plaats wit papier op de binnenzijde van de kaart en hierop de feestartikelen. Kleur ze in. Snijd het bovengedeelte van de kaart golvend af. Kleur de negatiefstickers en de bloemenrand met een watervaste stift op het stickervel in en versier hiermee de gehele kaart.

TIP: Je kunt ook het paard of de koe uit hetzelfde stickervel gebruiken.

KAART 45

BENODIGDHEDEN
kaart: rood
foam: kleine stukjes verschillende kleuren
dubbelzijdig folie
watervaste stift of verf
stickervellen: nr. 805 - goud, nr. 841 - wit

Plak de beren op de stukjes foam en kleur of verf ze in. Plak ze met dubbelzijdig folie op de kaart.

TIP: Je kunt ook andere kleuren en afbeeldingen gebruiken.

KAART 46

BENODIGDHEDEN
kaart: Happy color groen
foam: wit, zwart
dubbelzijdig plakpapier
splitpen
veer
plakoogjes
fotolijm
viltstiften
watervaste stift: zwart
stickervellen: nr. 1025 - goud, nr. 3104 - transparant goud, nr. 333 - goud

Teken een lijf en twee vlekken. Knip het witte lijf en de zwarte vlekken samen met dubbelzijdig plakfolie. Plaats het op de kaart. De hoofdsticker wordt op wit foam geplaatst. De zwarte gedeelten worden ingekleurd met een zwarte watervaste stift. Draai een veer (een ijzerdraadje) rond een potlood. Zet dit vast aan het hoofd. Steek een splitpen aan de binnenzijde door de kaart. Maak hiermee de veer vast.

TIP: Je kunt deze kaart ook maken met stevig papier of karton. Maak ook eenzelfde kaart van het varken of paard uit hetzelfde stickervel.

KAART 47

BENODIGDHEDEN
kaart: Happy color groen
papier: donkergroen, wit
grote pons
speld
viltstiften
lint: rood
siliconenlijm
fotolijm
stickervellen: nr. 901, 1041 - goud, nr. 7002 - holografisch goud, nr. 1004- goud, holografisch rood

Pons uit groen papier het rondje en plaats de stickerlijnen. Plak de lijnen aan de achterkant vast. Plak de clown op wit papier en kleur deze in. Maak de speld vast met siliconenlijm en werk de kaart af met lint, lijnstickers en holografische rondjes.

TIP: Je kunt ook met andere stickers, bijvoorbeeld van dieren, een speldje maken.

KAART 48

BENODIGDHEDEN
kaart: geel
foto
enkelzijdig folie
fotolijm
stickervellen: nr. 3183 - transparant goud, nr. 939 - geel, nr. 901 - geel – rood, nr. 841 - geel

Neem met het enkelzijdige folie de puzzelstukjes over en leg het geheel op de foto of een gedeelte daarvan. Knip rondom uit. Plaats het geheel met fotolijm op de kaart. Versier de kaart verder met rand, cijfers en ballonnen.

Huwelijk

KAART 49

BENODIGDHEDEN
stevig karton: 13 x 13 cm tweemaal
papier: A4-vel satijnglans ivoor
papier: A4-vel satijnglans mint
papier: 3 A4-vellen wit voor vouwbladen
satijnlint
viltstiften
huwelijksfoto
fotolijm
stickervellen: nr. 1030, 1033, 109, 1016, 802, - goud,
nr. 3103, 3110 - transparant goud

Vouw de drie witte papieren twee keer dubbel en plak ze aan elkaar. Bekleed de bovenkanten van de stukken karton met mintkleurig papier en plak dat aan de binnenzijde vast. Plak de huwelijksklokken op ivoor, knip ze uit en laat aan de onderzijde een flapje papier zitten. Maak een snede in de bovenkant van het beklede karton en steek daarin de huwelijksklokken. Maak het flapje naar boven aan de onderzijde vast; zo blijven ze mooi omhoog staan. Bekleed de binnenzijde met ivoor(achter de klokken en op de bodem). Plak voor je het onderste karton bekleedt, hier eerst twee linten vast. Vouw drie vouwbladen van het witte papier (18 x 18 cm) in vieren. Vouw twee hoeken nog een keer naar het midden. Draai de kaart een slag, zodat de punt omhoog ligt en maak de kaarten aan elkaar vast met fotolijm. Plak hierop de foto, de verschillende huwelijksstickers en randen. Kleur ze in met viltstiften. Versier ook de binnen- en achterzijde van de stukken karton met hoekjes en randen.

TIP: Je kunt met dit boekje vele variaties maken, bijvoorbeeld voor een baby, kinderen, jubileum etc.

SCRAPBOOKPAGINA 50

BENODIGDHEDEN
scrapbookpapier: satijnglans ivoor
papier: A4-vel satijnglans mint, satijnglans ivoor
fotolijm
foto's
lint
viltstiften
stickervellen: nr. 802, 929, 935, 891, 1004, 1003, 1000 - goud, 3105 - transparant goud

Plak een strook mint op de ene kant en een klein reepje aan de andere kant. De hoekjes worden eerst op papier geplaatst, ingekleurd en uitgeknipt. Verder worden de stickers direct geplaatst en ingekleurd.

KAART 51

BENODIGDHEDEN
kaart: ivoor satijnglans
papier
isigritrooster met pen (fijn)
viltstiften
stickervellen: nr. 935, 1004 - zilver

Plak het bruidspaar op satijnglans papier en prik de jurk in met behulp van het isigritrooster. Kleur de bruidegom. Knip alles rondom uit en plaats dit op de omgevouwen kaart. Versier de kaart met raam, boeket en stickerlijnen.

KAART 52

BENODIGDHEDEN
kaart: geel
papier: mintkleurig satijnglans
viltstiften
fotolijm
foto
stickervellen: nr. 1031 - goud en wit, nr. 1004 - goud

Plaats de bloemenkrans op satijnglans mintkleurig papier en leg de bloemen in met witte negatiefstickers. Kleur de harten. Knip het binnengedeelte uit. Plaats hierin de foto en versier verder met rand en hoekjes.

TIP: Ook deze kaart kun je voor andere onderwerpen gebruiken, neem b.v. een andere foto.

Jubileum

SCRAPBOOKPAGINA 53

BENODIGDHEDEN
scrapbookpapier: wit
papier: wit en stukje dessinpapier
foto's
viltstiften
fotolijm
lint
stickervellen: nr. 811, 1004, 933, 1023 - koper,
3106, 3110 - transparant goud

Plak de foto op wit papier en plak de sticker hierover en knip dit uit. Voor het label maak je een mooie herinneringstekst en knip dit uit.
De omlijsting wordt gevormd door drie verschillende stickerranden; zoek een mooie achtergrond die past bij de foto's.

KAART 54

BENODIGDHEDEN KAART
papier: ivoorkleurig satijnglans
viltstiften
stickervellen: nr. 1034, 150 - goud

Plak de hoekjes aan de zijkant van de kaart. Kleur ze in en knip ze golvend af. Plaats in het midden van de kaart twee keer 2 vierkantjes tegen elkaar en plaats hiertussen de tekst.

BENODIGDHEDEN GIFT ZAKJE
plastic zakje
lint: ivoor
papier: ivoorkleurig satijnglans
stickervellen: nr. 3181 - transparant
kleine afbeeldingen uit verschillende stickervellen

Plaats steeds twee dezelfde afbeeldingen op papier, plak daarover de transparante vierkanten en knip deze rondom uit. Plak op de bovenkant dezelfde hartjes.

KAART 55

BENODIGDHEDEN
kaart: rood
papier of fluweel: wit
gelpen: wit, groen
siliconenlijm
viltstiften
kralen: parelmoer
spinnenweb: wit
stickervellen: nr. 929, 935, 1016, 806 - goud
achtergrondpuntjes, negatiefpuntjes uit stickerranden

Plaats het spinnenweb op de binnenzijde van de kaart. Plak de boog op de kaart en kleur de rozen en bladeren in met gelpennen. Snijd het hekje en de boog open en plak het bruidspaar op fluweel of papier. Kleur in en knip uit. Plaats het op het spinnenweb. Plak met siliconenlijm drie kraaltjes op elke bloem. Werk de kaart af met stickerpuntjes, hoeken en randen.

TIP: Je kunt de kralen ook op de rozen borduren.

KAART 56

BENODIGDHEDEN
kaart: rood
fluweel: rood
strass-steentjes: rood
stickervellen: 110, 803, 1004 - goud

De werkwijze is dezelfde als bij nr. 57. Met dezelfde stickers is een ander kader gelegd in goud, achter de opening is rood fluweel geplaatst.

TIP: Met dit stickervel kun je ontelbare andere figuren maken, leuk om te experimenteren.

KAART 57

BENODIGDHEDEN
kaart: blauw
vellum: groen glanzend
strass-steentjes: groen
stickervellen: nr. 110, 812, 1004 - zilver

Maak met de verschillende stickerafbeeldingen een figuur. Snijd vier binnengedeelten weg en plaats op de binnenzijde vellum. Werk rondom af met zilveren lijnstickers en strass-steentjes.

KAART 58

BENODIGDHEDEN
kaart: blauw met vierkant passe-partout
stickervellen: nr. 812, 1023, 848 - goud, nr. 840 - zilver,
nr. 806, 1016 - goud, zilver

De kaart wordt volgeplakt met om en om zilveren en gouden stickerranden en hoekstukken in het kader.

TIP: Probeer het eens met andere stickerranden.

Seizoenen

KAART 59

BENODIGDHEDEN
kaart: ivoorkleurig vierkant
kader: bruin
papier: A4-vel wit
natuurpapier: gemarmerd blauw
viltstiften
fotolijm
stickervellen: nr. 916, 1029, 1004 - koper

Plaats de bladeren op wit papier in een mooie compositie en kleur ze in. Plaats hierover het bruine kader. Snijd de bladeren die buiten het kader vallen weg.
Plak het geheel op de kaart. Snijd het middengedeelte weg. Plaats de eekhoorn op wit papier en maak van stickerlijnen een tak. Knip ze uit en plaats ze aan de binnenzijde op het blauwe natuurgemarmerde papier.

TIP: Je kunt ook andere bladeren gebruiken.

KAART 60

BENODIGDHEDEN
kaart: goudkleurig
papier: wit inlegvel binnenzijde
sheet
fotolijm
stickervellen: nr. 966 - goud, nr. 1016 - witgoud

Plak de stickerafbeelding op sheet en verf aan de achterzijde de afbeeldingen in. Laat goed drogen. Plaats de afbeeldingen met fotolijm achter het uitgesneden kader en werk af met stickerranden.

TIP: Je kunt dezelfde afbeelding ook op papier inkleuren.

KAART 61

BENODIGDHEDEN
kaart: blauw
natuurpapier: blauw met wit gemarmerd
vellum: lichtblauw
fotolijm
grassen
siliconenlijm
ciseleerpen
viltstiften
stickervel: nr. 819 - goud

Plaats het natuurpapier op de kaart. Op de zijkanten wordt de bovenzijde gescheurd. Ciseleer de vogels en schelpen. Plak deze op de kaart.

KAART 62

BENODIGDHEDEN
KAART GROTE VLINDER:
kaart: roze
glas-gelstiften
dubbelzijdig tape
sheet
stickervellen: nr. 941, 840, 1046 - goud

KAART VLINDER OP STOKJE:
stokje
lint
spinnenweb
sheet
watervaste stiften
stickervellen: nr. 941, 822, 1016, 333 - goud

Voor de kaart met de grote vlinder, plak je eerst het raster op de kaart, dit kleur je in. Dan worden de vlinder en de vlinderrand opgeplakt en ingekleurd. De voorzijde wordt met watervaste stiften en de achterzijde met glasverf ingekleurd.

Op de kaart met de vlinder op het stokje, wordt eerst het spinnenweb geplakt. Dan wordt de voorzijde met watervaste stiften en de achterzijde met glasverf ingekleurd.

Nieuwe woning

KAART 63

BENODIGDHEDEN
kaart: ivoorkleurig met gleuf
papier: Havanabruin
wit papier
sheet
foam
fotolijm
stickervellen: nr. 1004, 1043, 1041 - koper en goud,
nr. 1038 - goud, 847 - koper

Plak de klok en het achtergrondraster op de sheet. Plaats de sheet achter de gleuf en knip de klok rondom uit. Plaats achter de wijzerplaat wit papier. Plaats op de kaart een reepje bruin papier en plaats hierop de klok met foam. De sleutel wordt tweemaal op papier geplakt, uitgeknipt en tegen elkaar aan geplakt. De ketting is een stickerrand, plak deze tegen elkaar en maak ze vast aan de sleutel.

KAART 64

BENODIGDHEDEN
kaart: blauw met langwerpig passe-partout
inlegvel: wit
stickervellen: nr. 1038 - zilver, nr. 1001 – koper - rood - groen, nr. 924 - goud en wit, nr. 1041 - goud en koper, nr. 847 - zilver

Plak de rastersticker aan de bovenzijde in het kader. Plaats aan de binnenzijde eenzelfde raster precies op elkaar. Versier de bovenzijde met figuren en randen. Leg enkele delen met wit negatief in. Maak de sleutel met de ketting zoals al bij nr. 63 beschreven en plaats aan de binnenzijde het sleutelgat.

Vakantie

SCRAPBOOKPAGINA 65

BENODIGDHEDEN
scrapbookpapier: zandkleur, blauw
papier: wit, bruin
fotolijm
viltstiften
foto's
fotolijm
lint
stickervellen: nr. 3106 transparant goud, nr. 1012, 814, 815, 827 - goud, nr. 1016 - blauw, nr. 1004 - goud en geel

Plak alle stickers op wit papier en de label op bruin papier, knip het uit en kleur ze in. Het blauwe papier aan de onder- en bovenzijde is golvend gesneden. Plak de palmboom rechtstreeks onderaan de pagina en kleur hem in.

SCRAPBOOKPAGINA 66

BENODIGDHEDEN
scrapbookpapier: geel
papier: A4 wit
viltstiften
foto's
fotolijm
stickervellen: nr. 1036, 1024, - goud, nr. 1016, 1005 - goud, zilver, 814 - goud, nr. 3101 transparant goud

Plak de vlinderblokjes eerst op papier, kleur ze in en knip ze daarna uit. Snijd de wielen van de fietsen uit en leg ze in met zilveren negatiefstickers. Hierachter kun je verschillende plaatjes of foto's plakken. Plak de stickerrand en de grassprieten op en kleur deze in.

KAART 67

BENODIGDHEDEN
papier: groen, wit
fluweel: wit
viltstiften
fotolijm
stokjes en veertjes
stickervellen: nr. 946, 947 -goud

Plaats de sticker op fluweel, kleur en leg gedeelten in met goud. Plak het stokje vast en bekleedt de achterkant met hiertussen de veertjes. Snijd de ogen uit.

TIP: Laat na het inkleuren heel goed drogen, bij velvet duurt dit langer.

KAART 68

BENODIGDHEDEN
kaart: grijs met vierkant
papier: wit
oude zeekaart of foto of knipvel
natuurpapier: blauw
siliconenlijm of foam
viltstiften
gelpen: wit
stickervellen: nr. 1010 - goud, nr. 1004 - wit

Plak het zeilschip tweemaal op papier. Knip van het tweede schip alleen de zeilen en werk ze op in 3D. Werk de kaart af met gescheurd achtergrondpapier, vogels en rondom witte stickerlijnen.

KAART 69

BENODIGDHEDEN
kaart: wit
vellum: transparant
viltstiften
foam
siliconenlijm
mini-beads
stickervel: nr. 925 - goud

Ciseleer de bomen, bloemen en het dak aan de achterzijde, kleur in aan de voorzijde. De mini-beads worden in de siliconenlijm gestrooid.Plaats het hek, de stenen muur en het vogelhuisje op de kaart en kleur het in.

KAART 70

BENODIGDHEDEN
kaart: zwart
watervaste viltstiften
enkelzijdig plakfolie
stickervel: nr. 925 (dit is het negatief dat je overhoudt van nr. 69)

Kleur de negatieve delen in op het stickervel, laat een halve dag drogen. Plaats enkelzijdig plakfolie over de negatieve delen en wrijf tot alle delen op het plakfolie zitten. Zet alles in één keer over op de kaart.

TIP: Je kunt deze techniek toepassen met alle negatieve delen van afbeeldingen.

KAART 71

BENODIGDHEDEN
kaart: zandkleurig
papier: wit
viltstiften
foam
stickervel: nr. 1015 - goud en zilver

Plaats de afbeelding op wit papier, kleur in en knip hem rondom uit. Zet hem met foam op de kaart. Plaats de hiërogliefen en leg ze in met zilveren negatiefstickers.

KAART 72

BENODIGDHEDEN
kaart: grijs
binnenkaart: rood
vellum: groen
raffia
stickervel: nr. 920 - goud en zwart

Plak de vierkantjes en het huisje op de kaart. Snijd de binnenzijde van de vierkantjes, het dak en de ruiten van het huisje weg. Plak de bamboestokjes op het vellum en plaats deze met behulp van raffia op de kaart. Plak de tekens in de opengesneden vakjes op de binnenzijde van de kaart.

Pasen

KAART 73

BENODIGDHEDEN
kaart: geel
papier: geel
regenboogvellum
sheet
groene gelstift
stickervellen: nr. 881 - goud (2 x), nr. 839 - goud

Plaats de paasei-sticker tweemaal op het regenboogvellum. Plaats dit in een eivormig kader en laat het vellum een stukje achter de kaart uitkomen. Snijd van de tweede sticker de achtergrond weg en werk dit op in 3D. Plaats de stickerrand. Knip ruitvormig wat vellum weg. Werk de kaart af met kuikens en vlinders.

KAART 74

BENODIGDHEDEN
kaart: geel met ovaal
binnenkaart: wit
sheet
glasverf
stickervellen: nr. 945 - goud, nr. 1004 - geel en groen

Plaats de sticker op de sheet, verf aan de achterzijde de afbeelding in en laat de verf een dag drogen, werk daarna de kaart af.

TIP: Verf kleur voor kleur in en laat elke kleur een uur drogen. Werk je met glasverf dan kun je beter met meerdere afbeeldingen tegelijk werken.

KAART 75

BENODIGDHEDEN
mini-card: 1 wit en 1 ivoorkleurig
sheet
natuurpapier: groen
viltstiften
mica
papier: kleine stukjes groen, geel en wit
spinnenweb: geel
stickervellen: nr. 886, 881, 885 - goud

Plak op het ivoorkleurige kaartje aan de binnenkant geel spinnenweb. Plaats de stickers van de kuiken en de narcis op geel papier en kleur de bladeren en de kelk van de narcis met viltstiften in. Doe wat natuurpapier op de voorkant van het kaartje en plaats hier de kuikens op. De narcis plak je achter het ovaal op de binnenkant van de kaart. Voor de witte kaart plaats je achter het kozijn een stukje mica. Plaats de paashaas op wit papier en kleur deze in. Plak de deurtjes van de ramen op groen papier en knip deze netjes langs de randen uit. Leg de deurtjes op hun plaats, doe er een stukje foamtape onder om de deurtjes om een verhoogd effect te krijgen. Plak natuurpapier onder het raam samen met de op wit papier geplakte en ingekleurde eieren.

Delfts blauw

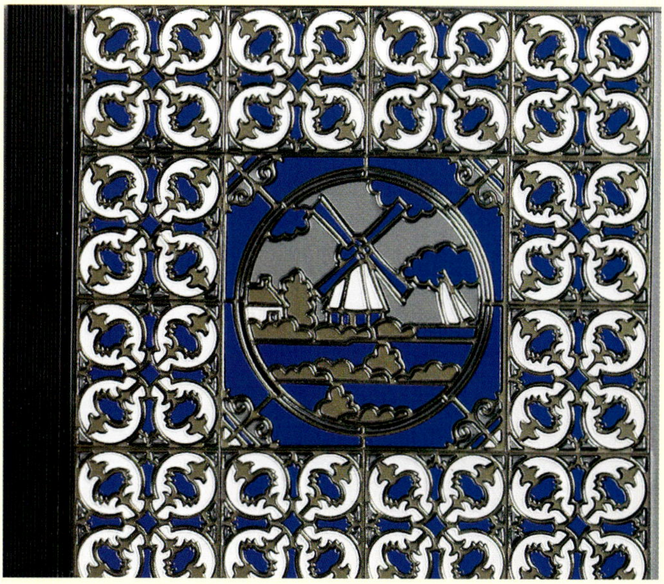

KAART 76

BENODIGDHEDEN
cd-doosje
stickervellen: nr. 1027 – goud – wit - zilver - blauw, nr. 1004 – goud – wit - zilver

Plaats de gouden stickers op het doosje. Leg in met de negatieve stickers van zilver, blauw, goud en wit.

KAART 77

BENODIGDHEDEN
kaart: wit met openklappend gedeelte
papier: blauw gewolkt
stickervellen: nr. 1027, 842 - blauw

Plak de molensticker op gewolkt papier. Plaats dit achter het kader en plak op de openklappende hoeken negatieve stukjes. Werk de kaart af met afgeknipte hoeken en lijnstickers

TIP: Je kunt ook de andere grote afbeelding uit hetzelfde stickervel gebruiken of de grote afbeelding uit vel nr. 1028.

KAART 78

BENODIGDHEDEN
kaart: geel
sheet
ruitjespapier
glasverf
stickervellen: nr. 1028, 842 - goud

Volg dezelfde werkwijze als bij kaart nr. 30 en nr. 19. Hier worden echter op de binnenzijde repen mintkleurig papier geplaatst.

KAART 79

BENODIGDHEDEN
kaart: blauw
papier: lichtblauw, wit
natuurpapier: wit (binnenzijde kaart)
viltstiften
sheet
stickervellen: nr. 1027 - blauw, nr. 808 - goud

Snijd uit lichtblauw papier een raamkader, plak dit op de kaart. Snijd de tussengedeelten uit en plaats de sheet aan de binnenzijde. Plaats de Delfts blauwe tegelstickers op de binnenzijde. Plak de zonnebloemen op papier, kleur ze in en zet dit met foam op een reepje lichtblauw papier aan de onderkant van de kaart.

KAART 80

BENODIGDHEDEN
kaart: wit vierkant
papier: wit glanzend
ribbelkarton: blauw
fotolijm
foam
stickervel: nr. 1028 - blauw

Plak de stickerafbeeldingen op glanzend wit papier. Snijd een vierkant in de kaart waar de bloemafbeelding in past. Plaats achter deze afbeelding een stuk foam en plaats de afbeelding op de binnenkaart. Plaats op de hoeken de vierkanten en ertussen repen ribbelkarton.

Algemeen

KAART 81

BENODIGDHEDEN
kaart: zandkleurig met vierkant
papier: wit
viltstiften
fotolijm
stickervellen: nr. 1028, 1004 - goud

Plak de afbeeldingen van het scheepje en de vogel op wit papier. Knip de afbeelding van het scheepje geheel uit. Knip van de afbeelding met de vogel alleen de hoeken uit. Kleur de afbeeldingen en plaats ze met fotolijm op de kaart.

KAART 82

BENODIGDHEDEN
kaart: zilverkleurig satijnglans
papier: ivoorkleurig satijnglans
viltstiften
fotolijm
kraaltjes: wit, goudkleurig
stickervellen: nr. 1014 - goud en wit, nr. 947 – goud, wit, nr. 849, 843 - wit

Plaats de afbeelding op het ivoorkleurige papier. Kleur de afbeelding in, leg de witte delen in met negatiefstickers. Aan de waaier worden drie sliertjes kraaltjes geregen.

KAART 83

BENODIGDHEDEN
kaart: lichtblauw
kader: roze
papier: wit
viltstiften
fotolijm
foam
stickervel: nr. 1045 - goud

Plaats de afbeeldingen op wit papier, kleur het in en zet de 3D-delen met foam op de grote afbeelding. Plaats de hoeken met fotolijm.

KAART 84

BENODIGDHEDEN
kaart: mintkleurig satijnglans
kleurstift: groen, geel
stickervellen: nr. 1004, 1037, 1041 - goud, nr. 1031 - goud en wit

Leg de witte delen van de bloem in. De scharnieren lopen door op de achterzijde. Kleur de klimoprand in en snijd aan de zijkant rond de sticker het papier weg.

KAART 85

BENODIGDHEDEN
kaart: ivoorkleurig
papier: wit
kleurstift: huidskleur
stickervellen: nr. 847 - zilver, nr. 1046, 1004, 893 - goud, nr. 1041 – koper - zilver

Plaats de rasterachtergrond, werk de Madonna op in 3D. De scharnieren lopen door op de achterzijde. Plak het slot tegen elkaar (plaats eerst op papier). De ketting wordt gemaakt van sticker nr. 847, plak deze tegen elkaar aan. Werk ook de achterzijde rondom af met een stickerlijn.

KAART 86

BENODIGDHEDEN
kaart: zandkleurig met vierkant kader
koperfolie
embossingpen
prikmat of zachte ondergrond
stickervellen: nr. 833 - goud of zilver, nr. 1004, 1023 - koper, nr. 1017 - koper en zilver,

Plaats de sticker op koperfolie, leg de afbeelding op een zachte ondergrond en embos in de bloemenstickers. Plaats de geëmboste zijde in het kader. Laat de bloemensticker aan de achterzijde op het folie zitten. Maak de kaart af met hoeken en randen en leg de hoeken in met zilver.

TIP: Je kunt bijna alle stickermodellen voor embossen in koperfolie gebruiken.

KAART 87

BENODIGDHEDEN
kaart: zandkleurig A4
vellum of perkament
fluweelpapier: rood
dubbelzijdig plakfolie
gelstift: wit, groen
fotolijm
foam
stickervellen nr. 928, 929, 1004 - goud

Maak de kaart, verdeel een A4 in drie delen. Vouw de buitengedeelten weer in de helft naar buiten. Plaats het servies op fluweelpapier en het prieel op vellum. Kleur de rozen met een witte gelstift en de bladeren groen.

TIP: Als je rozen op fluweel inkleurt met wit worden ze roze.

KAART 88

BENODIGDHEDEN
kaart: leverkleurig
papier: A4-vel wit
viltstiften
fotolijm
foam
stickervellen: nr. 1044, 1038 - goud

Plak het achtergrondraster op wit papier en plaats dit op de kaart. Plak ook alle andere stickerdelen op papier. Kleur alle delen in, knip ze uit en plaats ze met foam in 3D op de kaart.

TIP: Je kunt deze figuur nog groter maken. Op het stickervel staan verschillende afbeeldingen die je onderling in 3D op kunt werken. Alle delen passen op elkaar. Hiermee kun je veel combinaties maken.

KAART 89

BENODIGDHEDEN
kaart: wit vierkant
viltstiften
stickervel: nr. 1036 - goud

Plaats de stickers op de kaart en kleur ze in met viltstiften.

TIP: Met andere kleuren wordt dit een heel andere kaart.

Halloween

KAART 90

BENODIGDHEDEN
kaart: Happy color orange
sheet: transparant, geel
glasverf: zwart, geel
stickervellen: nr. 918 - zilver en zwart, nr. 841 - geel, nr. 842 - groen
tekst: zwart

Snijd een kader in de kaart. Plaats op de binnenkaart zwarte pompoenen. Plaats een stukje sheet in het kader en plak op de sheet dezelfde pompoenen als op de binnenzijde van de kaart, maar dan in zilver. Maak met glasverf zwart aan de binnenzijde rond de pompoenen. Snijd uit de binnenpompoenen de neus, oren en mond.
Plaats achter op de kaart achter de ogen een gele sheet. Maak de kaart af met stickerranden en tekst.

KAART 91

BENODIGDHEDEN
kaart: Happy color orange
spinnenweb: zilverkleurig
sheet
dubbelzijdig tape
glasgelstift: geel, oranje, zwart
stickervellen: nr. 919 - goud en zilver, nr. 1004, 814 - goud

Plaats achter het ovale kader het spinnenweb en op de achterkaart wat spoken in goud en zilver. Plaats de sheet voor de kaart, plaats daar de afbeeldingen op en kleur ze in met glasgelstiften. Maak ook de goudkleurige tekst met een zwarte stift zwart.

Kerst

CD-DOOSJE 92

BENODIGDHEDEN
cd-doosje
stickervellen: nr. 978, 1004 – goud – zilver – groen - rood, nr. 354 - zilver

Plak de gouden stickers op en leg ze in met rode, zilveren en groene negatieve stickers.Plaats de tekst en de stickerlijnen.

KAART 93

BENODIGDHEDEN
kaart Happy color wit
rood ribbelkarton
fotolijm
stickervellen nr. 1004 - rood, nr. 969 – groen, nr. 974 – rood – zilver - goud - groen

Plak de stickers op en leg ze in met verschillende kleuren negatieve stickers.

KAART 94

BENODIGDHEDEN
kaart: rood
binnenkaart: wit
sheet
ruitjespapier
glasverf
stickervellen: nr. 1004 - wit - goud, nr. 842 zilver - goud, nr. 971, 942 - goud

Snijd een kader in de kaart en werk op dezelfde wijze als bij de overige afbeeldingen met glas-in-lood.

KAART 95

BENODIGDHEDEN
kaart: rood met ovaal
binnenkaart: wit
papier: wit
sheet
foam
viltstiften
glasverf
witte sneeuw uit flesje of potje
stickervellen: nr. 967 - goud, nr. 1016 - wit

Kleur de afbeelding aan de achterzijde in met glasverf. Breng op de bovenzijde extra sneeuweffecten aan met sneeuw uit een flesje. Plak de figuren op de voorzijde op papier, kleur ze in en plaats ze met foam op de kaart. De sneeuwstippen zijn negatieve puntjes uit witte stickerranden.

TIP: Je kunt ook met een witte stift of sneeuw uit het flesje puntjes maken.

KAART 96

BENODIGDHEDEN
kaart: ivoorkleurig zijdeglans
sheet
glasverf
stickervellen: nr. 969, 965, 1004 - goud, nr. 1001 - rood en groen

Snijd een cirkel in de kaart, plaats daarin de kerstballen en verf ze aan de achterzijde in. De ruimte rond de kerstballen wordt groen geverfd, binnenin de kaart.

KAART 97

BENODIGDHEDEN
kaart: groen
fluweel: wit
sheet
foam of siliconenlijm
viltstiften
lint: wit
stickervellen: nr. 957 - zilver 2 x, goud 1 x, nr. 351 - zilver

Plaats de sticker op de sheet en leg op de afbeeldingen en de zijkanten de negatieven terug in. Plak de tweede sticker op wit fluweel en snijd de achtergrond weg. Kleur in en zet met foam of siliconenlijm op de vorige afbeelding. Laat aan een van de afbeeldingen een flapje zitten voor het lint.

KAART 98

BENODIGDHEDEN
kaart: wit langwerpig
foto
enkelzijdig folie
viltstiften
stickervellen: nr. 855, 972, 353 - goud,
nr. 3183 - transparant goud

Neem de puzzel met behulp van de plakfolie over en plaats het geheel op een foto of gedeelte daarvan. Versier de kaart verder met een sier- en tekststicker.

TIP: In plaats van een foto kun je ook een leuke afbeelding nemen.

KAART 99

BENODIGDHEDEN
kaart: blauw A4
papier: wit
viltstiften
fotolijm
flesje glitterlijm
gelpen: wit, groen
stickervellen: nr. 951, 873 - goud

Maak een drieluikkaart. Plak de afbeeldingen op wit papier en kleur ze in met viltstiften. Knip rondom uit. Plaats de haard voor in het midden, en de kerstboom en kerstman half op de zijkanten. Kleur de rand in met de groene en witte gelpen.

TIP: Je kunt ook met andere kerstafbeeldingen een drieluik maken.

KAART 100

BENODIGDHEDEN
kaart: rood
holografisch papier: rood, groen
foam
stickervellen: nr. 978 - goud en zilver, nr. 979 - goud,
nr. 1001 – groen holografisch, 1004 - zilver

Plaats vier kerstblokjes in een ruit, leg de delen in met zilveren negatieve stickers. Plaats vier hulsttakjes op holografisch groen papier en een kerstroos op holografisch rood papier. Knip rondom uit en plaats ze met foam op de afbeelding.

TIP: Stickervel nr. 979 is een vel met alleen kerstrozen en hulsttakjes, ook verkrijgbaar in groen en rood.

KAART 101

BENODIGDHEDEN
kaart: rood vierkant
holografisch papier: groen
foam
stickervel: nr. 978 - goud en zilver, nr. 979 - goud,
nr. 1004 holografisch groen, zilver

Maak een figuur van de blokstickers in goud en leg de kerstrozen in met zilveren negatieve stic-kers. Plaats de hulsttakjes uit vel nr. 979 op groen holografisch papier en knip deze rondom uit. Zet ze met foam op de opgeplakte bloksticker.